小动物吃什么科普绘本系列

好饿的蜗牛

杨胡平 | 著

陌黎晓
插画工作室 | 绘

中国农业科学技术出版社

图书在版编目（CIP）数据

好饿的蜗牛 / 杨胡平著 . — 北京：中国农业科学技术出版社，2018.1
ISBN 978-7-5116-3357-6

Ⅰ . ①好… Ⅱ . ①杨… Ⅲ . ①儿童故事—图画故事—中国—当代 Ⅳ . ① I287.8

中国版本图书馆 CIP 数据核字（2017）第 271488 号

责任编辑　张志花
责任校对　贾海霞

出 版 者　中国农业科学技术出版社
　　　　　　北京市中关村南大街 12 号　邮编：100081
电 　 话　（010）82106636（编辑室）（010）82109702（发行部）
　　　　　　（010）82109709（读者服务部）
传 　 真　（010）82106631
网 　 址　http://www.castp.cn
经 销 者　各地新华书店
印 刷 者　北京地大天成印务有限公司
开 　 本　787mm×1092mm　1 /16
印 　 张　2
版 　 次　2018 年 3 月第 1 版　2018 年 3 月第 1 次印刷
定 　 价　15.00 元

在一个阳光灿烂的午后，一只蜗牛的卵在疏松的土壤中"啪"的一声裂开了，从里面爬出一只小蜗牛。

　　小蜗牛在土壤里休息了一天后，感到肚子饿了，于是，它慢慢地向地面上爬呀爬。

　　小蜗牛好不容易才爬到地面上，可它还在不停地向前慢慢爬，在它快要用尽全身的力气时，爬到了一棵青菜前。

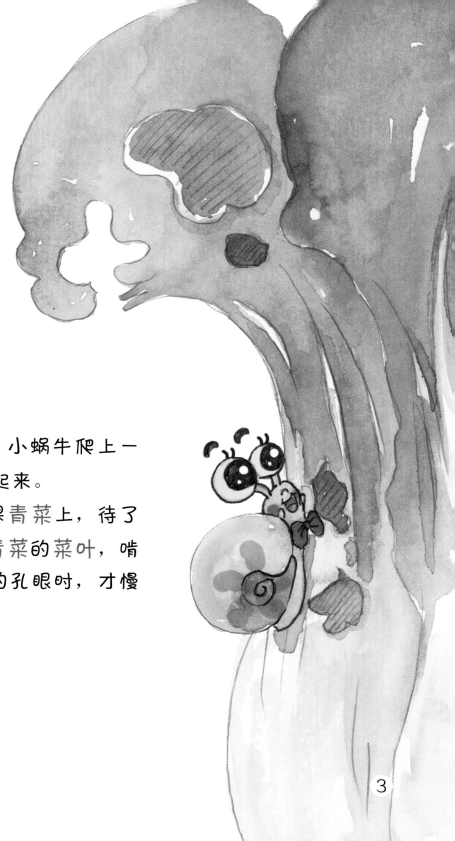

　　"真好吃！"小蜗牛爬上一片嫩青菜叶吃了起来。

　　小蜗牛在这棵青菜上，待了好几天，直到将青菜的菜叶，啃得布满大小不一的孔眼时，才慢慢爬下青菜。

3

"我想换换口味，尝尝别的叶子是什么味道。"
小蜗牛这样想。这次，它爬上了一棵莴苣。
　　"味道真不错！"小蜗牛大口地吃着莴苣叶子。
吃饱后，它爬到叶子下面，钻进壳里睡觉去了。

一只小白兔走过来，看到青菜和莴苣叶子上面的小孔说："糟糕！看来我得给它们喷农药了。"

6

"叶子的味道，怎么变得这么奇怪了？"小蜗牛闻了闻喷过农药的莴苣叶后说。

　　小蜗牛从莴苣叶上慢慢爬了下来，刚好爬
到一朵大蘑菇下。这时，开始打雷并下起了大雨，
吓得小蜗牛赶紧钻进壳里躲了起来。

　　雨过天晴后，小蜗牛从它的壳里探出头来，
忽然，它看到了几朵白色的"小伞"，那是几朵
小蘑菇。

"看起来很漂亮，不知道味道怎么样呢？"小蜗牛想。它慢慢地爬上蘑菇，小心翼翼地尝了一口蘑菇的菌褶。"很好吃。"于是，它大口地吃了起来。

一天，小蜗牛还发现了
一朵颜色鲜艳的花儿，它
爬了上去。漂亮的花瓣，
味道香甜，和之前吃过的所
有食物都不同。

你在干什么？竟然咬坏我的花儿，你赔我的花儿！

一只小蜜蜂飞过来，大声朝小蜗牛喊道。吓得小蜗牛赶忙爬下了花朵。

11

12

好多天没有下雨了，天气越来越热。小蜗牛决定找一个潮湿的地方，它爬到了墙角一片嫩绿的苔藓上，这里没有阳光，非常潮湿，小蜗牛很喜欢这样的环境。

"如果这种嫩绿的植物能吃的话，就不用跑到远处去找食物了。"小蜗牛想。它鼓起勇气，吃了一口身边的苔藓，想不到苔藓也很好吃。

好吃！

"我要做一名美食家和旅行家，我应该去别处看看。"小蜗牛住在苔藓丛里许多天了，它决定爬向别的地方。

"这是什么？看起来绿油油的，也许很好吃。怎么闻起来有股怪味？"小蜗牛爬到一片韭菜叶子上面，咬了一口，那股怪味差点让它吐了。

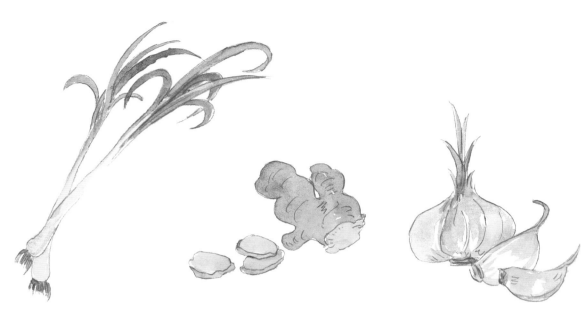

"哈哈，那是韭菜，我们蜗牛不能吃。除此之外，还有葱、姜、蒜等有异味的东西，我们也不能吃。"旁边一只大蜗牛笑着说，"我带你去吃一种美味的食物吧！你肯定没吃过。"

"好呀，谢谢你。"认识这么一位大朋友，小蜗牛感到很开心。它们一起向前慢慢爬。

大蜗牛带着小蜗牛，来到了一片瓜田里。
这时，小熊和小猪，正在吃西瓜，它们将吃完
的西瓜皮，随手丢向了路边的草丛里。

19

"我们去啃西瓜皮！"大蜗
牛和小蜗牛，一起爬上西瓜皮，
啃起了西瓜皮上吃剩的瓜瓤。

"哇！真好吃！"小蜗牛吃
得满嘴都是粉红色的汁水。

　　"你正是长身体的年龄，应该多吃
蛋壳，补补钙。"大蜗牛带着小蜗牛，
来到农场旁边，吃起了丢弃在路边的鸡
蛋壳。

大蜗牛还带着
小蜗牛，去田里吃
了番薯和白菜。

23

这天，大蜗牛和小蜗牛吃了枯枝、腐叶和废纸。

"怎么这么难吃呀？"小蜗牛吃了一口后不高兴地问。

"在我们找不到别的食物的情况下，这些东西也可以用来填饱肚子呀！"大蜗牛解释道。

大蜗牛和小蜗牛，用了好长时间，爬上了一株葡萄架，它们住了下来。

大蜗牛和小蜗牛吃上了酸甜可口的葡萄，当然，它们还吃葡萄叶，换换口味。

一天，大蜗牛和小蜗牛在葡萄树下散步。小蜗牛忽然发现了另一只蜗牛，它激动地对大蜗牛说:"快看，又来了一位伙伴。"

　　大蜗牛却紧张万分地催促小蜗牛："赶快跑！那是食肉蜗牛，它会吃掉我们的。"它们俩不停地跑呀跑！终于逃离了危险。

加油啊，快跑！

　　小蜗牛还跟着大蜗牛，吃了黄瓜、黄藤、黄槿等许多它从没吃过的蔬菜和树叶。一天早上醒来后，小蜗牛发现自己长成了大蜗牛。